生物飯店

奇奇怪怪的食客與意想不到的食譜

史軍 / 主編

臨淵 / 著

三民書局

每位孩子都應該有一粒種子

在這個世界上，有很多看似很簡單，卻很難回答的問題，比如說，什麼是科學？

什麼是科學？在我還是一個小學生的時候，科學就是科學家。

那個時候，「長大要成為科學家」是讓我自豪和驕傲的理想。每當說出這個理想的時候，大人的讚賞言語和小夥伴的崇拜目光就會一股腦的衝過來，這種感覺，讓人心裡有小小的得意。

那個時候，有一部科幻影片叫《時間隧道》。在影片中，科學家們可以把人送到很古老很古老的過去，穿越人類文明的長河，甚至回到恐龍時代。懵懂之中，我只知道那些不修邊幅、蓬頭散髮、穿著白大褂的科學家的腦子裡裝滿了智慧和瘋狂的想法，他們可以改變世界，可以創造未來。

在懵懂學童的腦海中，科學家就代表了科學。

什麼是科學？在我還是一個中學生的時候，科學就是動手實驗。

那個時候，我讀到了一本叫《神祕島》的書。書中的工程師似乎有著無限的智慧，他們憑藉自己的科學知識，不僅種出了糧食，織出了衣服，造出了炸藥，開鑿了運河，甚至還建成了電報通信系統。憑藉科學知識，他們把自己的命運牢牢的掌握在手中。

於是，我家裡的燈泡變成了燒杯，老陳醋和食用鹼在裡面愉快的冒著泡；拆解開的石英鐘永久性變成了線圈和零件，只是拿到的那兩片手錶玻璃，終究沒有變成能點燃火焰的透鏡。但我知道科學是有力量的。擁有科學知識的力量成為我嚮往的目標。

　　在朝氣蓬勃的少年心目中，科學就是改變世界的實驗。

　　什麼是科學？在我是一個研究生的時候，科學就是酷炫的觀點和理論。

　　那時的我，上過雲貴高原，下過廣西天坑，追尋騙子蘭花的足跡，探索花朵上誘騙昆蟲的精妙機關。那時的我，沉浸在達爾文、孟德爾、摩根留下的遺傳和演化理論當中，驚嘆於那些天才想法對人類認知產生的巨大影響，連吃飯的時候都在和同學討論生物演化理論，總是憧憬著有一天能在《自然》和《科學》雜誌上發表自己的科學觀點。

　　在激情青年的視野中，科學就是推動世界變革的觀點和理論。

　　直到有一天，我離開了實驗室，真正開始了自己的科普之旅，我才發現科學不僅僅是科學家才能做的事情。科學不僅僅是實驗，驗證重力規則的時候，伽利略並沒有真的站在比薩斜塔上面扔鐵球和木球；科學也不僅僅是觀點和理論，如果它們僅僅是沉睡在書本上的知識條目，對世界就毫無價值。

　　科學就在我們身邊——從廚房到果園，從煮粥洗菜到刷牙洗臉，從眼前的花草大樹到天上的日月星辰，從隨處可見的螞蟻蜜蜂到博物館裡的恐龍化石……處處少不了它。

其實，科學就是我們認識世界的方法，科學就是我們打量宇宙的眼睛，科學就是我們測量幸福的量尺。

什麼是科學？在這套叢書裡，每一位小朋友和大朋友都會找到屬於自己的答案——長著羽毛的恐龍、葉子呈現寶石般藍色的特別植物、殭屍星星和流浪星星、能從空氣中凝聚水的沙漠甲蟲、愛吃媽媽便便的小黃金鼠……都是科學表演的主角。這套書就像一袋神奇的怪味豆，只要細細品味，你就能品嚐出屬於自己的味道。

在今天的我看來，科學其實是一粒種子。

它一直都在我們的心裡，需要用好奇心和思考的雨露將它滋養，才能生根發芽。有一天，你會突然發現，它已經長大，成了可以依託的參天大樹。樹上綻放的理性之花和結出的智慧果實，就是科學給我們最大的褒獎。

編寫這套叢書時，我和這套書的每一位作者，都彷彿沿著時間線回溯，看到了年少時好奇的自己，看到了早早播種在我們心裡的那一粒科學的小種子。我想通過書告訴孩子們——科學究竟是什麼，科學家究竟在做什麼。當然，更希望能在你們心中，也埋下一粒科學的小種子。

主編 史軍

目錄 CONTENTS

歡迎來到生物飯店　　　　　　　　　　　　7

請給我來一份便便　　　　　　　　　　　11

大象要吃石塊　　　　　　　　　　　　　15

給我一片新鮮的葉子　　　　　　　　　　19

我愛吃媽媽的皮　　　　　　　　　　　　23

有大象的便便嗎　　　　　　　　　　　　27

請讓欄寄生鳥吃掉我的孩子們吧　　　　　31

吃一頓，頂一週　　　　　　　　　　　　35

想吃蛋？那得看運氣　　　　　　　　　　39

竹節蟲吃了同伴　　　　　　　　　　　　43

我想吃「天鵝絨」，你有嗎　　　　　　　47

最新鮮的血液大餐　　　　　　　　　　　51

我需要在沙地用餐，謝謝　　　　　　　　57

我們要團購黏土　　　　　　　　　　　**61**

蝴蝶小姐的古怪口味　　　　　　　　　**65**

找不到的客人　　　　　　　　　　　　**69**

什麼都吃，胃口一級棒　　　　　　　　**75**

動不動就躲到殼裡的客人　　　　　　　**79**

巨山蟻死在飯店，是意外還是謀殺　　　**83**

必須坐到馬桶上用餐　　　　　　　　　**89**

吃這道菜要閉眼　　　　　　　　　　　**95**

牠，吃掉了自己的孩子　　　　　　　　**101**

劇毒的自助大餐　　　　　　　　　　　**105**

今天是珊瑚日　　　　　　　　　　　　**111**

沙泥竟然也是一道菜　　　　　　　　　**115**

歡迎來到生物飯店

嗨，你知道嗎？無時無刻，都有富有傳奇色彩的故事，發生在我們這個美麗、可愛、神祕又古怪的星球之上！

在這顆星球的某個地方，覆蓋著大片大片低矮的灌木叢、雜亂的草、鮮豔的花，以及各式各樣高聳入雲的樹木。它們沿著河流伸向遠方，綿延達上千公里。就在這個森林的最深處，有一家神祕的「生物飯店」總部。老闆娘是一個俏麗的、愛說愛笑的小姑娘，她管理著地球上所有生物的吃飯問題——這真是一個嚴肅又令人頭大的問題，好在她僱用了無數服務生、廚師，還有打雜的夥計。

每天，這裡都有許多奇奇怪怪的食客上門，帶著牠們讓人意想不到、跌破眼鏡的用餐要求，有無數搞笑的故事上演。

有趣的、好玩的、稀奇的、你知道的、你不知道的，以及你一知半解的……一切盡在「生物飯店」！

下面，就讓老闆娘和她的員工們，為大家講述生物飯店和客人們的故事吧。

姓名：小田

職務：服務生 1 號

這是隻機靈又善良的小田鼠，就是有點饞，還有點膽小。

姓名：葵葵

職務：服務生 2 號

這是條有點可愛有點懶的小丑魚，專門負責生物飯店的海洋區旗艦店。最大的愛好就是躲進海葵宿舍裡。

姓名：朱朱

職務：接線生兼訂餐專員

有著 8 條腿的蜘蛛小妹極其擅長聯絡工作，比如網路訂餐，比如接電話，比如八卦……牠甚至可以同時操作兩臺手機和兩臺電腦！

駝鹿、黃金鼠媽媽、鯉魚……只要有需要，許許多多動物都可以變身「大廚」，奉上一道道古怪的、有趣的「大餐」！

姓名：沒人知道

職務：老闆娘

這是個俏麗、愛笑、有點調皮的小姑娘，有著最豐富的生物知識，酷愛和各種動物、植物打交道。

01

CUSTOMER
顧客

黃金鼠

又呆又萌又聰明，
喜歡種子和糧食，愛乾淨愛衛生更愛節儉 ——
如果「嗯嗯」出的便便中還有沒消化的養分，那就再吃一次！

請給我來一份便便

今天，生物飯店來了一位可愛的小客人。牠長得鼠模鼠樣，有兩隻機靈的眼睛，一身金黃色的絨毛，齜著幾顆小牙，別提多萌了。

「客人一位，您請這邊坐！」服務生第一時間跑過去熱情招呼，同時對著廚房高喊道：「小麥種子一碟！」

「不！我不要這個！」這位小客人輕聲細語的回絕了。

服務生忙連珠炮似的追問：「那蔬菜怎麼樣？有白菜、青菜，還有蘑菇……喔，你不喜歡。那水果呢？酸酸甜甜的檸檬怎麼樣？」

小客人終於有機會表達意見：「不，這些我都不要！先來一道開胃菜吧，最好是黃金鼠媽媽的便便——有著媽媽的味道……」

姓名：黃金鼠媽媽
職務：大廚

啊！真噁心！服務生鬱悶的退下了。

穩坐在服務臺後面的老闆娘卻笑壞了：「哈哈，服務生你剛來，還不知道。這位小客人是小黃金鼠，牠點的黃金鼠媽媽的便便，可是一道相當棒的營養品呢！咱們剛請了一位黃金鼠媽媽當大廚，記得提醒牠一定要用柔軟的、新鮮的、熱騰騰的便便，客人保證滿意。好啦，快把單子傳到廚房去，回頭我再給你細說。」

小黃金鼠吃得開心，滿意而歸。打烊後，老闆娘開始對服務生進行新一輪的補課：原來，黃金鼠媽媽有些便便非常特別，它並不是徹底的垃圾，而是一種「半消化食物」——黃金鼠媽媽所吃的食物纖維，在盲腸裡時會被細菌分解成碳水化合物，而這些碳水化合物沒有被吸收就被排泄掉了。黃金鼠寶寶把這些便便吞到嘴裡，咀嚼一會兒再吐出來，不但能獲取營養，還能得到一種「好細菌」——這種細菌能幫助牠們消化食物，所以這些便便對於小鼠寶寶來說非常必要。只有成年黃金鼠的腸道裡才有這種特殊的便便。因此，等小黃金鼠長大後，牠為了得到這種細菌和更多的營養，就會自產自銷——悄悄的把自己的便便吃了。

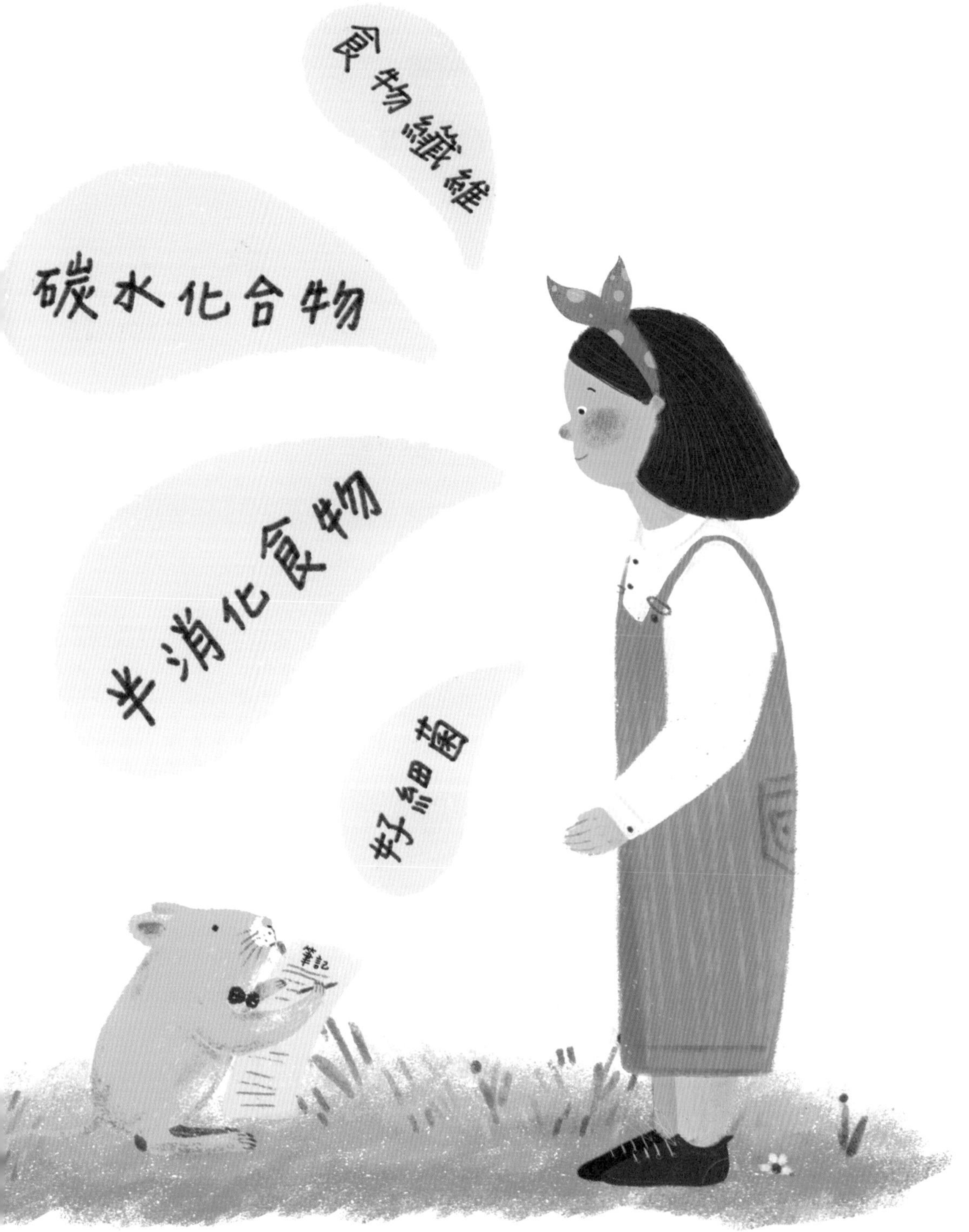
食物纖維
碳水化合物
半消化食物
好細菌
筆記

CUSTOMER
顧客

非洲象

別惹牠們！
在這個世界上，比遇到一頭發火的非洲象更可怕的，
是遇到一群發火的非洲象……

大象要吃石塊

　　小石頭和沙子一向是生物飯店最暢銷的食品之一。

　　據說早在恐龍時代，草食性恐龍就喜歡吃這個，而恐龍的後代們，比如鴕鳥、雞、鴿子等也都愛吃石頭。牠們都有一個堅韌的胃，這些小石子不僅傷不了牠們的胃，還會幫助牠們磨碎胃裡的食物，有助消化。對於這類客人，生物飯店裡的所有員工都極為歡迎。

這天來的一群客人也點了一份「石塊飯」，這可讓飯店裡的員工們困惑不已。為什麼呢？因為這群客人是非洲肯亞的大象——牠們雖然「象高馬大」的，但生性溫和，常常點的是素食，比如樹枝、樹葉、野草和樹皮。有時，一頭大象一頓就要吃200多公斤素食呢。可是今天牠們要吃的卻是石頭，還點名要「肯亞吉達姆山洞裡的石頭」。

　　服務生慌了，這個要求可怎麼滿足啊！「老闆娘！」找到老闆娘後，服務生的眼淚都要掉下來了，「這群大象怎麼改了胃口啊？」

我們要一份石塊飯……

「嘻嘻。」老闆娘笑了起來，說道，「這裡面的學問多著呢！不是大象改了口味，而是由於牠們住的地方降雨充沛，常常會濾去地表土壤中的礦物鹽，比如鈉、鈣、鎂等，因此這些大象吃的草中就會缺少這些重要的礦物質。而吉達姆山洞的石頭上，常常覆蓋著從地表沖刷出來的礦物鹽，所以經常有大象去吃那裡的石塊。別擔心，這點事情我早有安排！你快去接待客人吧，不然這些大象就要發怒啦！那可不是好玩的。還記不記得，牠們發脾氣的時候曾經殺死過一頭犀牛！」

「我的天啊！」服務生唰的一下跑走了，「尊貴的客人，你們好……」

03

CUSTOMER
顧客

斑潛蠅／釉小蜂

一定要小心啊！
否則，辛辛苦苦生下的孩子，
一轉眼的工夫就可能成了他人的食物……

給我一片新鮮的葉子

「給我一片葉子，最好是豌豆的葉子！……算了算了！甜菜、油菜、白菜的葉子都行，要新鮮的。快點，快點！」斑潛蠅太太一進門，就急匆匆的說道。

服務生慌慌張張的端來一盤新鮮豌豆，還沒等摘下葉子，就被斑潛蠅太太搶去了：「好啦！你忙你的吧，我自己來。」

好不容易等服務生招呼完其他客人，卻不見了斑潛蠅太太，但那片葉子還在。

「哎呀，斑潛蠅太太呢？居然這麼急，怎麼沒吃完就走了？剩了這麼多……哎呀，葉子背面是什麼？好多卵啊！」

「哈哈，斑潛蠅太太一定是幫牠的孩子點菜。」一旁的釉小蜂小姐奸笑起來，「要不了多久，這些卵就會孵化成只有幾毫米的小幼蟲。這些雙翅目的幼蟲雖然口器退化，吃東西的能力卻一點也不差。牠們會鑽進葉片裡，利用自己鋒利的口器一點一點的吃掉葉子表皮層之間的葉肉。哼哼，牠們不吃到羽化成蟲，是不會出來的。不信？你完全可以自己看，過一段時間，這片葉片上肯定會留下銀白色彎彎曲曲的線條，而且會越來越寬，那是幼蟲越長越大的緣故，這線條就是牠們的行走路線圖。」

　　「咦，你怎麼知道的？」服務生問。

　　「你把這片葉子給我，我就告訴你。」釉小蜂小姐狡猾的說。

　　「不許給牠。」默不作聲的老闆娘突然插話了，「小姐，你太過分了！你是想把自己的卵產到斑潛蠅太太的孩子體內，供自己的孩子食用吧！這片葉子我們會自己處理，你快離開吧！喔，別忘了付飯錢！」

CUSTOMER
顧客

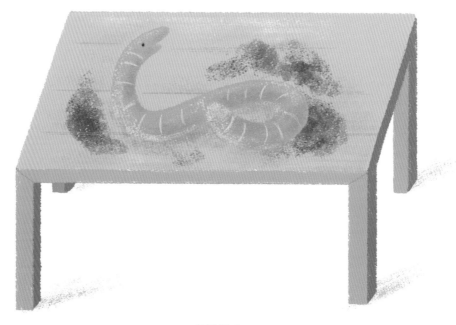

蚓螈

蚓螈屬於無足目，是兩棲類中發現物種最少的一類。
有一種蚓螈，尤其獨特，幼年時「乳牙」像鏟子一樣，
可以輕易咬下媽媽的皮膚。
然而，隨著牠逐漸長大，「乳牙」脫落，長出了尖利的圓錐形牙齒，
牠就變成了機會主義掠食者。

我愛吃媽媽的皮

今天，服務生從外面進貨回來的時候，帶回了一個可憐的小傢伙。當牠把小客人放到桌子上後，員工們個個同情心大發。

「哎呀，好可憐好小的小蚯蚓啊！」

「小蚯蚓，你多大啦？我給你搞點花園土吃吃，好不好？」

「聽說你們愛吃甜食，糖可以嗎？」

大家的議論聲太大，以至於驚動了老闆娘。老闆娘一看，大驚失色的喊了起來：「服務生，你怎麼搞的？怎麼把剛出生的蚓螈寶寶帶回來了？快去給牠找奶媽！不，快去把牠媽媽請來！」

服務生急匆匆的出去了，老闆娘看著可憐的小傢伙，給大家講解起了知識。

原來，這位貌似蚯蚓的傢伙實際上是小蚓螈。牠長大了也和蚯蚓一樣，有圓滾滾的身體，沒有尾巴，沒有腳，但牠的體型要比蚯蚓大得多。蚓螈是什麼都吃的雜食動物，蚯蚓、白蟻、蟋蟀以及蝗蟲等都是牠們的食物。但是，剛從卵裡孵化出來的小蚓螈卻不吃這些，牠們的第一餐，往往是媽媽身上的皮膚──小蚓螈生來

就有牙齒，牠可以用牙齒把媽媽身上的外層皮膚撕咬下來吃掉。這層皮膚含有與牛奶差不多的營養物質，能夠補充寶寶的脂肪，幫助牠們健康成長。

　　喔，各位別替蚓螈媽媽難過。作為兩棲動物，蚓螈都會經歷蛻皮階段，牠們的皮膚還會重新長出來。事實上，這種以母親身體為食的餵養方式擁有極為悠久的歷史，至少可追溯到一億年前。當然，你們不知道也不奇怪，因為這種動物現在並不常見了。

05

CUSTOMER
顧客

糞金龜 / 甲蟲 / 白蟻 / 蠍子 / 蜈蚣 / 蟋蟀 / 青蛙

你能想像嗎？
一坨熱氣騰騰、新鮮出爐的非洲象大便，
就能輕而易舉的把這些傢伙從四面八方吸引過來……

有大象的便便嗎

　　「你們說稀奇不稀奇！」這天早晨剛一開始營業，接線生蜘蛛小妹就大喊起來：「我幹這行也有好幾年了，還真沒接過這種電話，是一大票團購喔！」

　　「這有什麼稀奇的？」服務生哼了一聲，「團購年年有，今年也不少。你真是少見多怪。」

　　「可是、可是，我根本沒有想到這群顧客會湊在一起團購啊！你想想看，糞金龜、甲蟲、白蟻、蠍子、蜈蚣、蟋蟀，還有青蛙！更難以想像的是，牠們都強烈要求團購非洲象的便便！」

　　「非洲象的便便啊？我們有的是，保證新鮮，味道可口！讓牠們儘管來！」

姓名：非洲象
職務：大廚

喂,這裡
是生物飯店
……

廚房裡的非洲象大廚毫不在乎的插嘴道，「一頭大象一天至少能拉上百斤便便，我們這裡有100多位大廚呢！」

「可是、可是……」接線生小妹還是想不通，於是萬能的老闆娘出來答疑解惑啦：「現在是旱季了，天氣又熱又乾旱。對於這群客人來說，一大坨新鮮的、內部比較潮濕的、溫度也比外界低的大象便便就成了一個很好的藏身地，所以白蟻、蟋蟀牠們都會搬進來，避暑降溫。至於糞金龜，牠們才是真正的食客呢，因為牠們知道非洲象雖然身材龐大，消化系統卻不怎麼樣，食物中差不多有一半的營養，比如大量沒消化的物質，都會隨便便一起排出來，所以糞金龜是去便便裡面找吃的。而青蛙是跟著來找無脊椎動物吃的。總之，大象拉的不僅僅是便便，還是一個小小的生物圈喔。」

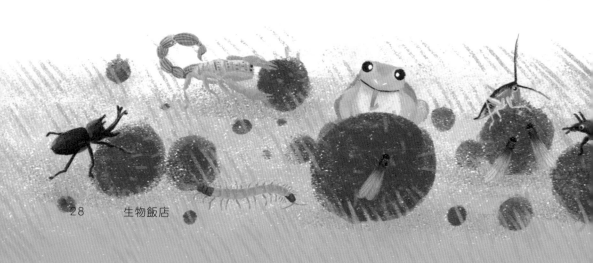

「好啦！非洲象大廚，快吃飯吧，多吃點，這樣才能多拉便便啊！」老闆娘喊了起來，「還有，服務生，找個合適的地方，直接把這群客人請到便便裡去。牠們估計要在裡面住上好一陣子呢！」

06

CUSTOMER
顧客

蘋果樹 / 槲寄生 / 槲鶇

是的，你沒有看錯，
一旦植物和動物走到一起，
總會有一些不同尋常的故事發生……

請讓槲寄生鳥吃掉我的孩子們吧

今天，生物飯店裡來了一位奇怪的客人。

它是一株植物，服務生領它進來的時候，同時還帶進來一棵蘋果樹，因為這株植物就長在蘋果樹的身上。

它有點羞怯的自我介紹說：「蘋果樹是我的『乾媽』，因為我不能完全自力更生，只好寄生在它身上。但我又不是真正的『寄生蟲』──我也會用綠葉進行光合作用為自己製造食物。當然，我也依賴『乾媽』，需要用長長的寄生根從『乾媽』身上吸取水分和養分。」

「我知道你們是地球上最大的連鎖飯店。」這位客人十分懇切的說，「我相信在這裡一定能遇到我要找的槲鶇，也就是槲寄生鳥，我想請牠們把我的孩子們吃掉！」

生物飯店的客人們都瞪大了眼睛，看著它的孩子們──小小的、圓圓的漿果，成簇成簇的長在一起，別提多可愛多漂亮啦。

TIPS
寄生根
....

一種很長，形狀像根的凸物，可以從寄主的枝幹中吸取樹液。
....

這個要求實在太不可思議了，可是這位植物媽媽說得很坦白：「我叫槲寄生，我的孩子們需要槲寄生鳥——只有這樣，我的孩子才能離開家庭、獨立生活。」

　　「我一定會幫你找到槲寄生鳥的，這位媽媽，請放心吧！說不定，槲寄生鳥就在路上呢，因為牠們也需要你們，就像你們需要牠們一樣。」老闆娘馬上答應了下來。因為她深深明白：槲寄生鳥喜歡吃槲寄生的孩子——實際上，它們是一種漿果，味道一向不錯。不過，吃下這些漿果之後，槲寄生鳥的腸胃卻消化不掉裡面的種子；而種子由於黏上了果實內黏黏的汁液，就會變得更有黏性。因此，當槲寄生鳥拉便便的時候，種子就會黏在屁股上。屁股上有一堆黏黏的便便實在不好受，槲寄生鳥就會忍不住在其他樹（尤其是蘋果樹）上拼命的蹭啊蹭……最後，帶著槲寄生種子的便便就會留在樹上。靠著鳥糞裡的肥料，種子很快就能在樹上長出寄生根，寄生根穿透樹枝的表皮，開始汲取樹幹的水分和營養，同時長出一片片綠油油的葉子，新的人生就這樣開始啦！

CUSTOMER
顧客

老虎

真正的山中大王，從來不屑於與其他動物為伍。
牠是孤獨的，也是一位真正的殺手，
在牠的菜單上，至少有200餘種動物，包括猴子！

吃一頓，頂一週

　　雖然已經是黃昏時分，生物飯店裡氣氛還是很緊張很緊張，因為今天要來一個超級明星！

　　所有的工作人員都是既欣喜又害怕，既嚮往又擔心……畢竟，這位客人實在太耀眼了，牠就是現存最大的貓科動物，傳說中最威風凜凜的老虎！

姓名：駝鹿
職務：主廚

　　這位客人穿著一件黃黑相間的「連體毛大衣」——從頭部到尾巴尖端布滿了黑色的條紋，而且據說每隻老虎的條紋都是獨一無二的。總而言之，這是一件很多動物都嚮往的衣服，不但顏色霸氣、款式新穎、質地一流，還擁有極妙的防水性！當牠從水裡出來時，只需輕輕一抖，毛皮就能恢復乾爽。這是因為老虎毛皮表面有大量的油脂，不會讓過多的水滴附著。

　　「虎大王能吃200多種動物，無論小的、大的，還是野牛、野豬、野兔、猴子……沒有牠不能吃、吃不到的。重點是，牠愛吃新鮮的肉。」生物飯店的駝鹿主廚藏在廚房裡，一邊自言自語一邊精心準備著食物，「聽說牠的食量也不小，一頓至少能吃十幾斤肉。我可得準備充分，千萬得讓牠吃飽了。不然的話，牠要是把我們和食客一起吃了，那可就糟了！」

這位老虎食客，簡直酷斃了。等上菜的時候，牠一句話都不說，吃飯時也相當沉默。吃完之後，騰身一躍，就消失在茫茫的夜色之中……

　　「牠還會再來嗎？」看著老虎遠去的背影，生物飯店所有的工作人員都悄悄的互相詢問。

　　「牠很難再回來了，至少一個禮拜都不會回來了。」老闆娘也少見的惆悵了，「因為老虎吃飽一頓至少能撐上一週，而且牠一向獨來獨往，更喜歡自己打獵。所以咱們的生物飯店開業這麼久，也很少見到牠光顧呀。」

CUSTOMER
顧客

大頭蛇 / 螞蟻 / 埃及禿鷹 / 瓢蟲 / 美國毒蜥

有的住在樹上，有的待在地上；有的遠在他鄉，有的近在身邊。

雖然大家的長相、性格都不一樣，

但某些時候，在飲食上卻可以統一口味。

想吃蛋？那得看運氣

世界上的事可真是湊巧呢！

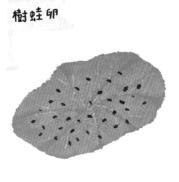
樹蛙卵

就在糞金龜、甲蟲、白蟻、蠍子、蜈蚣、蟋蟀和青蛙正在非洲象的便便裡大快朵頤的時候，生物飯店居然又來了一群預約團購的客人！牠們分別是喜歡吃樹蛙卵的大頭蛇、要求吃蝴蝶卵的螞蟻、想吃鴕鳥蛋的埃及禿鷹、吃馬鈴薯甲蟲卵的瓢蟲大姐，以及什麼都吃、根本不忌口的美國毒蜥。

甲蟲卵

這下，能下蛋的動物們都緊張極了。唉，誰也不想自己的孩子成為別人的盤中餐啊！

可是老闆娘說了：「優勝劣敗，保持食物鏈的正常運轉是我們生物飯店的宗旨。再說，如果那麼多孩子全都活下來了，地球還能不『爆炸』啊！」

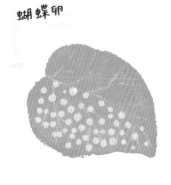
蝴蝶卵

駝鳥蛋

這些能下蛋的動物們覺得，雖然老闆娘說得有道理，可是太沒人情味了——喔，不，是太沒動物情味了！牠們可絕不能讓客人那麼容易就吃掉自己的孩子！

　　於是，樹蛙媽媽煞費苦心的在水塘邊選擇了一棵高高的樹，然後把卵產在葉子背面。只需要一週，蛙卵便會孵化成小蝌蚪掉到水裡去。「哼，看你們能不能找到我的卵！」

　　馬鈴薯甲蟲決定使勁生，反正吃掉一個卵，還有千千萬萬個卵！為了寶寶孵出來就有飯吃，牠毫不猶豫的把鮮橙色的卵產在了馬鈴薯葉子的背面，一次就產了 200 ～ 400 個卵，而且一年之內，這些卵變成的馬鈴薯甲蟲還能繼續生！

蝴蝶們也都有自己的辦法——把孩子們生在某個祕密的地方。比如東方喙蝶總把卵產在朴樹的嫩芽邊；豆波灰蝶的卵只產在扁豆花蕾的基部；黃鉤蛺蝶則在楊樹細枝上產下了大量的卵，並且繞成了一個環！

　　鴕鳥呢？乾脆給自己的蛋寶寶們每顆「製作」一個厚厚的、相當結實的殼。

　　哈哈！團購的客人們，想吃蛋，就看你們有沒有這個運氣和實力啦！

09

CUSTOMER
顧客

竹節蟲

全世界大約有 2500 種竹節蟲。
牠們屬於竹節蟲目，模樣酷似葉子或樹枝，尤其精於擬態。
有人叫牠們「叢林幽靈」——
如果牠們不願意被人看見，那你就別想看見牠們！

竹節蟲吃了同伴

「我需要一些新鮮的樹葉……新鮮的！」
一隻小小的竹節蟲趴在桌子上，有氣無力的對
服務生說。

服務生看了看竹節蟲那6隻細細小小的足、
細細扁扁的肚子，十分同情：「天啊！你多久
沒吃飯了？我們有新採的樹枝，樹葉又綠又嫩！
這就給你端來！」

竹節蟲沒有回答，牠真的餓壞了。一盤新
鮮的樹枝剛端上來，牠就自顧自的吃起樹葉來。
突然──「啊！」──牠面前的食物竟然發出
了一聲慘叫！

食客們全停止了用餐，朝牠看了過來──
原來慘叫的不是樹葉，是樹枝……喔，不對，
是另一隻竹節蟲在慘叫！牠全身褐色、細細長
長，一動也不動的趴在樹枝上，看起來就像樹
枝的一部分。原來，服務生端上樹枝時竟然沒
發現上面還有一隻竹節蟲！

這隻竹節蟲氣憤的說：「我說夥伴，你怎麼這麼不小心？我只不過睡了個覺，你怎麼就咬掉了我一條腿啊？唉，我的腿已經被咬掉過一次了，這次好不容易才長出來！還有，我們竹節蟲不都是白天睡覺、夜晚出來的嗎？你怎麼大白天溜出來了？難道你媽媽沒有告訴你，鳥、蜥蜴、猴子都拿我們當零食吃？另外，你怎麼這麼愛跑？你難道不知道，動得越多越容易被發現嗎？我們既不能像蚱蜢那樣跳過威脅，也不能像蜻蜓那樣靠飛來逃離危險，只能靠偽裝！你這麼一動，不就前功盡棄了？你要向前輩們學習！我們有些偉大的竹節蟲前輩，就在同一棵樹或同一株植物上，度過了自己的一生……」

受傷的竹節蟲嘮叨起來沒完沒了，食客竹節蟲終於忍不住打斷了牠：「可是、可是，你一動也不動的話，就會被我咬到啊……」

「唉……你這隻頑皮的竹節蟲！」斷腿的竹節蟲頓時尷尬了，而生物飯店裡也爆發出一陣震耳欲聾的笑聲。

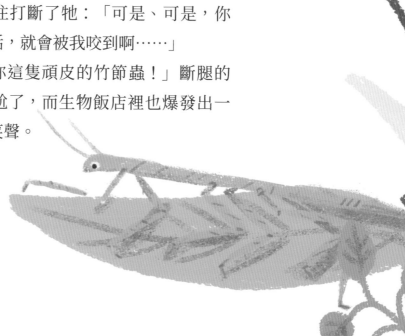

10

CUSTOMER
顧客

駝鹿

駝鹿的食譜非常健康，牠們懂養生，更懂時令。
夏天，牠們吃下大量樹葉、水草；
隨著秋天的到來，水草不再生長，樹葉也落光了，
不那麼鮮嫩飽滿的秋冬季植物就成了駝鹿的美食。
不挑食是個好習慣！

我想吃「天鵝絨」，你有嗎

「歡迎！歡迎！熱烈歡迎！」訂餐專員蜘蛛小妹的聲音都顫抖了。

掛下電話後，牠的 8 隻大眼睛瞪得更大了，8 隻腳在網線上來回的顫動，興奮的跟店員們說道：「告訴你們，剛才是我們的超級 VIP 客戶駝鹿先生打來的電話！牠馬上要來用餐了。你們都知道吧？去年一年，牠就從咱們位於北美洲亞寒帶針葉林的一家分店裡，訂下了重達 3 噸的植物！水草、樹葉、野草⋯⋯來者不拒，那家分店的營業額一下子就上去了。不過這次奇怪了，牠預訂的菜是『天鵝絨』，你們知道這是什麼菜嗎？我只聽說過『癩蛤蟆想吃天鵝肉』，但從沒聽說過有什麼菜叫『天鵝絨』。」

「我知道，我知道！」最近一直在惡補生物知識的服務生得意洋洋的回答，「讓牠儘管來，咱們有『天鵝絨』！你們不知道也很正常，這種菜只有雄駝鹿有──因為只有雄性駝鹿才有鹿角。為了保存能量過冬，雄駝鹿在交配季節後，鹿角就會掉下來；來年春天，新的鹿角又會長出來。隨著鹿角一起成長的，還有一層

被稱作『絨毛狀皮』的皮膚，極為柔軟，分布著很多血管，又富含蛋白質，這就是很少有人知道的『天鵝絨』了。吃了這種皮膚，能使駝鹿身體更健康，據說它的味道也不錯……這種菜很珍貴啊，因為它還有季節性。到了夏季，雄駝鹿的鹿角完全長成，血管開始收縮，『天鵝絨』就會慢慢褪掉，因此極為難得。有的雄駝鹿為了吃到這頓美食，還會自己對著樹和灌木叢摩擦鹿角，扯掉自己的『天鵝絨』，吃得不亦樂乎呢！咱們這位 VIP 客人，很懂得營養學喔。」

11

CUSTOMER
顧客

吸血地雀

當旱季來臨，不再容易找到食物，
吸血雀們就把目光對準了當地土著鰹鳥的屁股⋯⋯

最新鮮的血液大餐

一向待在外場、最勤快、最和顏悅色的服務生，今天卻非常反常，牠躲在廚房的角落裡不出來了。因為被牠揭露了祕密（就是「天鵝絨」啦！）而有些不爽的駝鹿主廚責問道：「服務生，你今天怎麼偷懶啦？小心我告訴老闆娘！」

姓名：鰹鳥
職務：二廚

「別、別！」服務生求饒道，「我不是偷懶，是因為來的客人太古怪！」

古怪的客人？這個消息立刻引起了大廚們的注意。牠們紛紛跑到外場的屏風後面，偷偷觀察正在用餐的客人們——看了半天，沒發現有什麼特別的啊。

服務生膽怯的指了指客人的位置。咦？不過是一群小鳥，貌不出眾，看起來也沒什麼威脅。

　　「可牠們是來自加拉巴哥群島的吸血地雀！」服務生悄悄的說，「我聽老闆娘說過，因為牠們生活的小島常年乾燥，雨季很短，所以催生出的植物種子也很少，很快就會被吃完。為了獲得必需的營養，這種鳥兒發展出了古怪的嗜好——牠們吸食新鮮的血液！為此，牠們還特別長出了一個又尖又利的喙，和生活在其他地方的雀鳥都不一樣。」

　生物飯店

正當大家暗暗驚嘆的時候，老闆娘高價聘請的海鳥——鰹鳥二廚已經滿臉悲壯的走了出來。而這群小鳥中排在最前頭的那一位立即迫不及待的跳了出來，站在鰹鳥二廚的屁股後面，像上了發條一樣，不停的啄二廚的屁股，直到有血流出來……其他的吸血地雀就在牠後面排隊等著分享美味。為了吸到更多的血，有的吸血地雀還會跳躍著吸血！

　　終於，鰹鳥二廚堅持不住了，飛快的逃跑了。吸血地雀們這才依依不捨的停止了吸血，一邊付錢給老闆娘，一邊興高采烈的說：「下次，我們要預約鰹鳥二廚的蛋！」

12
CUSTOMER
顧客

蟻蛉

蟻蛉是脈翅目蟻蛉科昆蟲的成員,牠們夜間出沒,性格平和。
不過在牠們小時候,牠們的名字叫蟻獅,
那可是真正兇猛、聰明的螞蟻殺手。

我需要在沙地用餐，謝謝

生物飯店今天又來了一單大生意——有人電話預訂了 600 隻活螞蟻，還特意指定要在沙地用餐，並且牠要吃自助餐，不需要服務生服務。

這項特別的要求引起生物飯店所有員工的好奇，牠們紛紛猜測客人會是誰，可誰也猜不出來。最後，大家只好無可奈何的放棄了猜想：「要是老闆娘沒出差就好了，她一定知道誰要來。現在顧客至上，我們還是準備螞蟻和沙地吧。」

終於到了下午，預訂的包廂裡傳來「沙沙」的聲音，顯然客人已經到場。雖然客人不要求服務生服務，可是服務生還是好奇極了。牠悄悄的溜到包廂門口，偷偷把門推開了一條小縫。

哎呀，怎麼看不見客人呢？

服務生覺得更奇怪了，牠睜大眼睛，仔細搜索起來——哇，牠終於看到一個圓滾滾的小傢伙：6條腿，身長還不到一公分，穿著灰黑色、布滿短毛的套裝，酷似小獅子。牠正收縮著腹部一點一點的倒退著移動——牠一邊旋轉，一邊倒退著向下鑽，製造出了一個漏斗狀的「陷阱」，然後牠就不見了！顯然，這位客人是躲在了陷阱最底下的沙子裡。

　　這時，一隻事先準備好的小螞蟻從附近爬過。突然，從下面陷阱潑出了沙子——這一定是食客幹的！可憐的小螞蟻，腳一滑，掉了下去，等再次出來的時候，已經變成了「屍體」……

　　「那是蟻獅。」當服務生激動無比的向剛剛回來的老闆娘彙報這個情況之後，老闆娘懶洋洋的回答道，「牠啊，酷愛吃螞蟻，特別喜歡在沙地上製造陷阱，捉住螞蟻吃掉。好了，我好累，現在我要去休息了，你也趕快回去幹活吧，掰掰。」

CUSTOMER
顧客

紅綠金剛鸚鵡

喙是鸚鵡最重要的工具，幾乎可以承擔任何工作，
比如剝去堅硬的果殼、築巢、抵禦外敵，
以及朋友之間互相用喙輕撓，表示友好。

我們要團購黏土

　　「歡迎！歡迎！熱烈歡迎！」眼尖的服務生
早早的迎了出去，跟著牠進入生物飯店的是十來
隻極其漂亮的客人——有「大力士」之稱的紅綠
金剛鸚鵡。

　　紅綠金剛鸚鵡長著有力的喙，長長的尾巴，
打扮大膽，酷愛紅綠藍黃的彩色衣裳，雖然愛喊
愛叫但性情友善，很少主動攻擊人和其他動物，
可以說是生物飯店開業以來最受歡迎的客人之
一。所以，服務生每次見到牠們都分外高興：「各
位要來點什麼？各類堅果、種子，本店都應有盡
有——你們可以親自啄開！喔，還有廚師新研發
的蔬菜水果大拼盤，美味可口、營養豐富，保證
各位吃了還想吃。」

　「嗯，每樣都來幾份嘗嘗！」紅綠金剛鸚鵡們尖叫著，興奮得滿臉通紅，「還有，別忘了我們的必點菜！」

　「沒忘！」服務生哈哈的笑了起來，「連我們這裡的打雜小妹都知道，你們最喜歡的集體活動就是一起到家鄉河岸邊的黏土山崖啄食土塊。放心啦，我們這裡有最正宗的黏土塊，而且絕對是健康食品，等下一起端上來。」

紅綠金剛鸚鵡們會心的笑了起來，牠們知道，生物飯店的菜肯定不會錯。這裡的黏土塊，和牠們的家鄉——中美洲熱帶雨林裡的黏土一樣，不僅含有一定的鹽分，而且就像胃乳片一樣，能幫助牠們排出食物中的毒素（牠們吃的食物太雜，其中難免有有毒的種類），而牠們自己卻一點也不會因此受傷！

　　紅綠金剛鸚鵡也熱情推薦大家一起來品嚐這道菜喔！

CUSTOMER
顧客

蝴蝶

誰說蝴蝶只喝露水、花蜜的？
牠們中有那麼一些特別重口味：比如從卵裡孵出來的第一頓吃的就是卵殼，
有的還會吸食鳥糞——這是真的！

蝴蝶小姐的古怪口味

「天哪，太顛覆我的想像了！」服務生剛進廚房就大喊大叫起來，「我也在生物飯店服務兩年了！見過那麼多口味奇怪的食客，還真沒見過這麼怪的！一隻漂亮的、穿著花裙子的弄蝶小姐，牠點的竟然不是花蜜，不是露水，不是樹液，而是便便！還是鳥兒的便便！」

大廚們已經有點見怪不怪了：「這也沒什麼，顧客至上嘛。只不過現在新鮮的鳥糞都被糞金龜先生們預訂了，牠們正計劃組團向糞金龜小姐們求婚，所以需要大量的糞便呢。要不，你問問客人，乾鳥糞可以嗎？」

服務生苦著臉出去了，很快，牠帶回了反饋訊息——弄蝶小姐並不介意。

　　事實上，弄蝶小姐相當通情達理，牠溫柔的說：「在野外的時候，因為溪石或路面上的鳥糞很快會被晒乾，所以我們也經常會嘗試乾鳥糞的。」看著服務生一臉疑惑、欲說還休的樣子，牠又進一步耐心的解釋道，「雖然我們由蛹羽化成蝴蝶後，口器也特化為虹吸式，只能吸食液體，可是我們也有辦法。我們會先在乾鳥糞上排放自己的糞液，等鳥糞浸濕、溶解後，再吸食其中的養分⋯⋯」

　　看到服務生變得越來越綠的臉，弄蝶小姐情不自禁的笑了起來：「服務生，我不是愛吃鳥糞，只是因為我是雌蝴蝶，產卵時需要鳥糞中的氮元素。這點和大多數雌蚊子需要吸血一樣。你不喜歡我吃鳥糞，那喜歡我吸你的血嗎？」

　　「啊！不！不！弄蝶小姐，你太偉大了！」服務生懷著一份害怕、兩份崇敬，趕快跑進廚房端乾鳥糞去了。

CUSTOMER
顧客

變色龍

爬行動物變色龍擁有一個龐大的家族，約有150多種成員，
大部分生活在非洲和馬達加斯加。牠們幾乎每一種都善於變色。
變色龍用這個辦法隱身，表達自己的情緒，
以及彼此間溝通交流。

找不到的客人

「今天真鬱悶，太鬱悶了！」即使離得很遠，似乎仍可以看到服務生腦袋上正滋滋的冒著白煙，上面寫著「別理我，我煩著呢！」

好心又八卦的接線生蜘蛛小妹連忙送上一杯熱水：「喝口水，說說看，你又遇到了哪位稀奇古怪的食客？」

「還不是那條變色龍！」服務生說道，「這傢伙嘴最挑了，每次都點不一樣的昆蟲！什麼蟋蟀、草蜢、蒼蠅、番茄天蛾幼蟲、煙草天蛾幼蟲、蠶、蠟蟲、蟑螂……牠已經吃了一輪，

還說什麼『單一的食物會讓我不健康』。本來
這沒什麼，我們是開飯店的嘛，就要儘量滿足
客人的用餐需求。但你能想像嗎？每次當我端
上牠要的昆蟲從廚房走出來的時候，明明看見
牠坐在那裡，可一眨眼的工夫，牠就不見了！
害得我傻乎乎的東找西找！這種事已經發生太
多次了！你說鬱悶不鬱悶！」

　　「哈哈！」蜘蛛小妹想到服務生端著食物
著急的模樣，也忍不住大笑起來，「變色龍這
是怎麼回事啊？你還是去問問老闆娘吧！」

黃、綠
藍、白、紅、橙、紫
棕黑、黑

說曹操，曹操到。蜘蛛小妹話剛說完，老闆娘就走了進來。

「這是因為變色龍總是很警惕很小心，剛好呢，牠又擁有最棒的變色本領。」老闆娘告訴服務生，「牠的皮膚表層有三層色素細胞——在外層皮膚下面，第一層是黃色素與綠色素細胞，接著的第二層是藍、白、紅、橙和紫色素細胞，最深一層是具有棕黑色素的黑色素細胞。在神經的刺激下，這些細胞能使色素在各層之間交融轉換，所以變色龍可以任意變化自己的表皮顏色。通常只要 20 秒，牠就可以改變身體顏色，然後一動也不動的將自己完美的融入周圍的環境裡。不過，服務生，你別著急，變色龍雖然善於變色，但牠的活動能力並不強。牠常常會一動也不動的待上好幾個小時呢。所以下次呀，你只要把菜放在牠消失的桌子上就可以啦！」

CUSTOMER
顧客

蟑螂

牠生於恐龍之前，卻不為人知；

牠酷愛吃糞便，卻極愛乾淨；有人愛牠如命，有人恨牠入骨。

牠，就是蟑螂。不過，現在更多的人喜歡叫牠「小強」。

的確，牠絕對稱得上是地球上最強悍的生物之一。

什麼都吃，胃口一級棒

生物飯店的服務生怎麼也沒有想到，見識過這麼多奇奇怪怪的食客之後，牠還能遇到這麼「與眾不同」的客人。

蟑螂先生第一次來的時候，坐在桌子旁的牠，一邊一本正經的用嘴仔仔細細的清理牠一節一節的長觸角，一邊漫不經心的說：「服務生，隨便上點菜！我不挑食。但不用太多，我食量不大。」

服務生迅速的送上了一小碟植物殘渣，蟑螂先生吧唧吧唧吃過後，走了。

等牠再次光臨飯店的時候，服務生換上了一碟殘羹剩飯，蟑螂先生依然沒有異議。再後來，服務生又分別送上過書籍、衣物、刷鞋的刷子、電線膠皮、硬紙板、肥皂、油漆屑、皮革、頭髮……可是，無論是香的、臭的，還是硬的、軟的，蟑螂先生都照單全收，從不抗議！甚至有一次，服務生壯著膽子送上了一些剛蛻皮的小蟑螂……結果，蟑螂先生既沒有心裡不安，

也沒有消化不良，牠還嚼得直喊好吃！不得不說，最後這件事情在生物飯店裡已經成了一個傳奇。之後，這個傳奇又傳到了老闆娘的耳朵裡。

　　一向好脾氣的老闆娘在難得批評了服務生的「惡作劇」之後，又滿足了大家的好奇心，解釋道：「蟑螂有一個鉗子似的咀嚼器，還有一個跟鳥類的『嗉囊』結構相似的『砂囊』，能把任何食物通通磨碎吃掉，所以牠們什麼都吃，從不會消化不良。牠們的身體素質也很棒，一隻蟑螂能夠在糨糊裡活一個星期，只要有水喝就可以活一個月，即便不吃不喝仍然可以活 3 個星期。不過，蟑螂不挑食不代表牠不偏食喔！牠尤其喜歡吃脂肪類食物，所以還有個『偷油婆』的綽號。不信，服務生，你下次上份油餅試試看，說不定蟑螂先生還會給你小費呢！」

又是
隨便
……

CUSTOMER
顧客

蝸牛

除了慢吞吞，蝸牛最令人稱道的是牠的牙齒——
牠們跟人們看到的任何牙齒都不一樣，被稱為「齒舌」。
齒舌裡長著一排排小小的牙齒。有些蝸牛只有幾顆，有些則長著成千上萬顆。
隨著時間的推移，磨壞的牙齒還會被新的牙齒取代。

動不動就躲到殼裡的客人

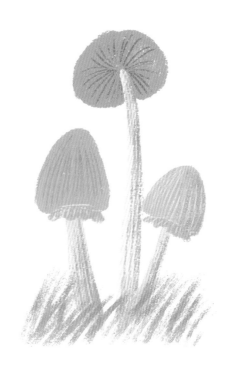

　　忙碌的一天結束了。生物飯店的員工們終於可以坐下來喘喘氣、聊聊天啦。待在飯店久了，見過的稀奇古怪的事情自然也不少，而這些都成了大家茶餘飯後最喜歡說的事。

　　首先開口的是服務生，今天牠很鬱悶：「我又遇見那個討厭的食客了！」

　　「這可不是咱們服務人員該有的態度呀。」大家都紛紛批評牠，「上門都是客，你怎麼能這麼說？」

　　「天大的冤枉呀！」服務生大聲喊冤，「我的服務態度一向都很好，可是……可是這位客人實在太令人鬱悶了。」

　　「牠是隻蝸牛。」服務生繼續說道，「是的，牠很溫和無害，個頭很小，背著小小的殼；要求也不多，吃的也不過是嫩葉、果實和莖之類的素食，確實算是一位很好招待的客人了。可是，牠太愛睡覺了！你們根本想不到，只要天氣冷一點、熱一點，或者乾燥一點，牠就會縮到殼裡去！

根本不管自己是不是剛剛點了飯菜，也不管我是不是正把飯菜端上桌。」

「不僅如此，這位蝸牛客人還總是用一層不透氣、不透水的薄膜封住殼的開口，有時候還用柔韌的腹足牢牢堵住……然後一動也不動的待上幾天，甚至好幾週。這期間牠既不需要食物，也不要水，任憑我喊破喉嚨都叫不醒，而我端來的飯菜最後往往餿了壞了，只好倒掉。」

「幸好這幾天還有愛吃殘羹冷炙的蟑螂先生前來用餐。不然，我都不知道該怎麼跟老闆娘交代了。」服務生最後抱怨道。

「唔，這樣是挺討厭的。」大家恍然大悟，可是服務生還沒停止牠的控訴：「你們知道嗎？牠還非常膽小！上次有隻青蛙來用餐，牠嚇得躲到殼裡，我怎麼勸牠都不出來。」

「你知道牠為什麼躲到殼裡嗎？」一直安安靜靜聽著的老闆娘說話了。

「……不知道。」

「因為牠基本上沒有自衛能力，牠唯一能保護自己的，只有這個薄薄的、碳酸鈣材質的殼！面對這樣無助的弱者，我們應該嘲笑牠嗎？」老闆娘的一句話，讓大家紛紛低下了頭。

CUSTOMER
顧客

巨山蟻

有的螞蟻活著，可是牠已經死了——
說的就是這種被真菌控制了腦部的巨山蟻。

巨山蟻死在飯店，是意外還是謀殺

一向熱鬧祥和的生物飯店居然發生了一起極其惡毒、凶殘的凶殺案！

最先發現被害人的正是服務生。據服務生回憶，當時牠看到巨山蟻如同殭屍一樣，毫無生氣的走來走去。一開始牠就有點疑惑：這隻巨山蟻怎麼不在木頭裡挖通道，大白天就溜出來了？後來，牠為巨山蟻端上了巨山蟻家族最愛吃的水果拼盤，但這隻巨山蟻不但一點也不感興趣，反而依然像無頭蒼蠅似的，盲目的到處走來走去。

最後，這隻巨山蟻走到生物飯店旁邊、靠近地面的一片樹葉下面，用強有力的下顎死死咬住主葉脈，然後，再也沒見牠動過。

牠死了！

可是，隨後又發生了更可怕的事——大約兩三天後，巨山蟻身體裡長出了白色的菌絲；又過了一個星期左右，巨山蟻腦袋上方長出了棕紅色的東西，還結出了棕紅色的孢子囊。

老闆娘勘察了第一現場後，第一反應就是：這隻巨山蟻「中邪」了！

就在大家震驚之餘，老闆娘娓娓道出了原委：原來，在自然界，生活著一種「巫師真菌」。

生物飯店

雖然這種真菌貌不驚人，但早在 4800 萬年前（比喜馬拉雅山脈的隆起時間還要早！）就進化出了控制「殭屍傀儡」的能力。它的孢子細小、眾多，來無影去無蹤，能在巨山蟻經過時隨時附在巨山蟻身上。一旦溫度、濕度、營養條件都合適，它便會茁壯成長，並釋放出一種可怕的化學物質，控制住巨山蟻的神經系統，驅使著「巨山蟻殭屍」四處尋找目標——長得不高不矮、恰好距離地面 25 公分左右的新鮮葉子。對「巫師真菌」來說，這裡是熱帶雨林中最美好的地點，因為這裡濕度最大，溫度相對涼爽。它們在這裡可以實現自己的終極目標：吸收巨山蟻的營養，生兒育女，長出孢子。然後，它們還會把孢子發射出去，靜靜等候另一隻倒楣巨山蟻的到來……

CUSTOMER
顧客

樹鼩

愛喝酒的樹鼩居然把勞氏豬籠草的豬籠當成了馬桶，
牠可沒有喝醉喔！
更令人百思不得其解的是，殺蟲不眨眼的勞氏豬籠草對此表示「十分歡迎」！

必須坐到馬桶上用餐

　　一直以來，生物飯店的宗旨就是「食客是上帝，以滿足食客的要求為己任」，所以無論服務生、大廚還是訂餐專員，都對食客們各種古怪的要求習以為常了。可沒想到的是，今天來的這位，還是讓牠們跌破眼鏡！

　　因為，今天來的這位樹鼩先生，不僅個頭小，模樣怪，活像嘴巴又尖又細的小松鼠，而且牠一進門就扯著嗓門大喊大叫：「花蜜，花蜜，我要花蜜！」可是，還沒等服務生送上花蜜，樹鼩先生又提出了一個奇葩的要求：「我還需要一個馬桶！」

　　馬桶？吃飯還要馬桶，這是什麼毛病？那牠會不會一邊吃一邊便便呢？

　　服務生急壞了，馬上找到老闆娘，把來龍去脈一一彙報。老闆娘卻噗哧一笑，胸有成竹的說：「好傢伙，一定是樹鼩先生來了吧？快把牠帶到雨林專區，那棵我珍藏多年的勞氏豬籠草就是為牠準備的！」

服務生嚇壞了——勞氏豬籠草可是植物界中的「頂尖殺手」，尤其是老闆娘帶回的這棵——它的葉子頂端有一個帶蓋的大捕蟲籠，籠子裡足足可以塞進 3 大瓶一升裝的可樂。老闆娘早就提醒過大家，千萬不要被籠口、籠蓋分泌的那些又香又甜的蜜汁誘惑了，要是一不小心滑進袋子裡，十之八九小命不保。這個可怕的籠子曾經殺死過很多小昆蟲，甚至還有一隻倒楣的小老鼠！

「難道老闆娘和樹鼩先生有仇？」服務生心裡嘀咕著，但還是聽話的帶著樹鼩先生小心翼翼的向雨林專區走去……誰知道剛看見豬籠草的影子，還沒等服務生介紹完情況，樹鼩先生便兩眼發光，直衝勞氏豬籠草而去！牠三步併作兩步的爬到勞氏豬籠草的「籠子」上，俐落的蹲下去，一邊舔食豬籠草葉瓣上的花蜜，一邊竟然開始大小便！

　　服務生完全驚呆了……這是什麼狀況？更令牠目瞪口呆的是，樹鼩先生吃完拉完之後，還在這棵勞氏豬籠草的葉邊摩擦了幾下——在動物界，很多動物都喜歡這樣做標記，表示「這是我的啦！」然後才心滿意足的離去。

這是怎麼回事？服務生簡直要暈倒了。

「哈哈，這是『雙贏』啊！」一旁的老闆娘卻笑得更爽朗啦，「樹鼩先生喜歡甜食，勞氏豬籠草卻喜歡牠的便便。這麼說吧，和所有的肉食植物一樣，勞氏豬籠草雖然喜歡吃肉，但它需要的其實不是肉，而是動物體內的氮元素。便便的重要成分剛好就是氮元素，因此，為了氮，為了生存，勞氏豬籠草就豁出去，變身『馬桶』啦。一隻樹鼩的體重大約有 150 克，為了讓樹鼩更安全、更穩當的蹲在上面，勞氏豬籠草一直以來在逐漸的進化，不但『馬桶』更堅硬，而且邊緣也變得粗糙了，同時還在『馬桶蓋』上分泌出更多的蜜汁，以增加樹鼩的好感，讓牠們更勤的跑來邊吃邊拉。哈哈，瞧，樹鼩先生這次不是專門為它而來了嗎？我啊，相信牠下次還會來的，而且一定會成為我們的忠實顧客。不信就等著瞧吧！」

20

CUSTOMER
顧客

綠蠵龜

從小到大，和很多動物一樣，綠蠵龜的食物幾經變化。
令人不解的是，每當牠遇到水母，
都會情不自禁的閉上眼睛⋯⋯

吃這道菜要閉眼

　　歡迎光臨生物飯店的海洋專區旗艦店！

　　俏麗可愛的老闆娘在這裡開設了一家分店，由服務生小丑魚專門負責。

　　小丑魚是個非常機靈的傢伙。只要工作間隙或下班閒暇，牠就馬上藏在這裡最大、最美也最凶的海葵宿舍裡——那裡不僅是牠的休息室，也是牠的保護傘——每當有吃肉的魚兒食客想對小丑魚下手，海葵就會放出有毒的觸手，嚇得那些傢伙馬上掉頭就跑，逃之夭夭！

　　不過，大多數時候，小丑魚還是願意出來工作的，因為牠很喜歡和各式各樣的顧客打交道。今天就游來一位熟悉的老顧客——牠穿著一身「鋼盔鐵甲」，堅硬堪比骨骼的背甲、腹甲等緊緊的包住身體，只露出四肢和頭。小丑魚估計牠的背甲差不多有 20 公分長，看起來是隻非常年輕的海龜呢！

　　「綠蠵龜，你好啊！好久不見！歡迎再次光臨生物飯店！請問，今天你是想來一份浮游生物組合餐，還是水草和馬尾藻素食套餐啊？我這就給廚房下單去……」

「別忙，別忙。」綠蠵龜笑了起來，「我啊，小時候愛吃浮游生物組合餐；成年之後呢，愛吃水草；但我現在吃得比較雜，可以說是什麼都吃，小魚啊小蝦啊都行……當然，有新鮮的水母也不錯喔！」

　　「水母？有，有，當然有！」熱情的小丑魚馬上端出了一盤猶如果凍一樣晶瑩剔透的水母，牠們的觸手還在不停的舞動呢，彷彿在說：「我有毒！誰敢吃我，我就蜇得牠亂跳！」

　　可綠蠵龜卻全不在意的樣子。牠大口大口、嘎吱嘎吱的嚼了起來，就像在吃一大盤Q彈粉絲。

好奇心頗強的小丑魚發現，綠蠵龜吃水母的時候竟然一直閉著眼睛——即使自己和牠說話，問牠對菜品滿意不滿意的時候，牠也不肯睜開眼睛呢！

小丑魚好奇極了。一回到海葵宿舍，牠就迫不及待的連線老闆娘，第一時間進行了詢問：「老闆娘，老闆娘，我發現了一件非常有趣的事情！綠蠵龜吃水母大餐的時候竟然閉著眼！還有啊，牠的體色根本不綠呀，為什麼叫綠蠵龜呢？」

老闆娘
小課堂

老闆娘忍不住笑了起來：「別看綠蠵龜全副武裝，可牠的弱點就是眼睛——因為害怕用餐時水母蜇牠的眼睛，所以就閉著眼吃嘍！還有，因為牠長大之後愛吃海草，葉綠素都堆積在脂肪裡，弄得脂肪呈現出特別的墨綠色，所以才叫綠蠵龜，這和牠的體色可一點關係都沒有呢。不錯不錯，這麼年輕就有這樣的好胃口，絕對是生存的一大優勢。我猜這位顧客啊，以後可以活到 80 歲，體重也許能長到足足 500 公斤呢。」

21

CUSTOMER
顧客

蝦虎魚

當災難可能來臨時，
蝦虎魚先生首先做得是收回自己前期的投資：
吃掉自己的孩子！

牠，吃掉了自己的孩子

「太、太恐怖了！」小丑魚哆嗦的從外場游回廚房，引得廚師們大為不滿：「小丑魚，你老來我們這裡幹什麼？想改行做廚師嗎？」

「不⋯⋯不是⋯⋯」小丑魚話都說不出來了。

蝦蛄大廚拍了拍牠的鰭，「好了好了，別害怕，鎮定一下，你看到什麼啦？」

「是，是，是⋯⋯」小丑魚深呼吸了一下，接著又吞了一大口口水，開始結結巴巴的訴說起來。

中午，就在前面的海洋餐廳裡，小丑魚正在招呼客人的時候，突然在一個隱蔽的角落裡看到那個熟悉的老顧客——蝦虎魚先生。原來，牠自從前段時間在這裡借場地結婚之後，已經正式升級當了爸爸。現在，牠正守護著一窩小小的魚卵，寸步不離的盯著呢！

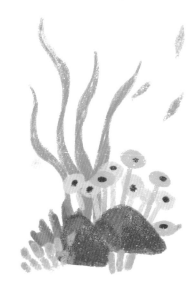

小丑魚連忙游了過去：「你好，蝦虎魚老爹！你真是幸運的老爸，一下子擁有這麼多孩子，個個都那麼帥！這次你要來點什麼？」

沒想到，蝦虎魚老爹聽了小丑魚的話，顯得很鬱悶。牠沒好氣的回答說：「哼，娶了好幾個老婆，每個都留給我一堆孩子就跑了，我有什麼好幸運的！哼！我幾天沒吃飯了，給我來點水草吧，隨便來點就行。」

小丑魚聽完牠的話，趕緊下單。誰知道，這時餐廳裡又來了兩隻褐色的蝦，蝦虎魚老爹看到牠們，好像一下子嚇壞了──牠竟忽然跳起來，大口大口的吞吃起自己的孩子，然後就抱頭鼠竄了……

「真是嚇死我了！」小丑魚心有餘悸的說。

「別怕別怕。」特別打電話來的老闆娘安慰著小丑魚，「這看起來很可怕，其實也是有原因的。蝦虎魚總是由爸爸親自照顧孩子。不過，這些老爸也不會一直守在孩子們旁邊直至孵化，有時候，牠們可能覺得這窩魚卵不值得自己守護，比如想換個地方的時候，或者遇到了天敵——倒楣的蝦虎魚老爹，那兩隻褐色的蝦一定是牠的死敵了，所以牠才會吃掉自己的孩子們……這樣牠至少可以吃一頓不用錢的大餐，收回一點前期的投資。雖然聽起來很恐怖，可這也是事實啊！」

22

CUSTOMER
顧客

赤蠵龜／紫螺／翻車魚

如果你在海灘上遇到僧帽水母，醫生一定會提醒你「遠遠避開！即使牠已經死亡！」因為牠毒性猶在，被牠蜇傷後會劇痛，並且可能留下傷疤，可能會感覺生不如死……但紫螺、翻車魚和赤蠵龜卻不這麼認為。

劇毒的自助大餐

今天真是值得記錄的一天！

因為生物飯店的海洋專區漂來了一群特別的「客人」。即使是熱情好客、見多識廣的小丑魚，見到牠們心裡也有點猶豫不決。雖然不怕牠們，但小丑魚也知道，萬一惹惱了這群「客人」，自己的職業生涯十之八九會遇到大麻煩！

牠們正是大名鼎鼎的僧帽水母。

漂浮在小丑魚面前的這一群，全身泛著漂亮的藍紫色，個個都長得有些像濟公戴的那頂僧帽。準確的說，牠們是一種管水母，是一個包含水螅體和水母體的群落。在這個群落裡，每一個個體都高度專門化，互相依靠，不能獨立生存。

「聽說有人在你這裡訂餐，主食就是我們？」僧帽水母們一邊展示自己長達幾公尺乃至十幾公尺的觸手，一邊漫不經心的問，「現在我們來了，訂餐那傢伙在哪裡啊？」同時，牠「嘭」的一下甩出觸鬚，抓住幾條沒跑遠的小魚，大吃起來，「對了，我們前幾天還蜇死了一個人，你聽說了嗎？」

105

小丑魚小心翼翼的在僧帽水母的觸手間游過：「沒有，沒有，這是沒有的事情，直到現在我也沒接到過這樣的訂單。喔，知道，知道！這麼厲害的事情我當然聽說了。你們的觸手上有成千上萬個刺絲胞，個個都能分泌致命的毒素，毒性之烈不輸於當今世界上任何一種毒蛇。別說在咱們這片海域，即便放眼整個海洋，大名鼎鼎的僧帽水母無人不知無人不曉呢！誰敢吃你們啊？」

　　「這還差不多！」僧帽水母們得意得簡直要飛起來了。

　　然而，僧帽水母並沒有得意太久……突然，牠們騷動起來：「哎呀，快走！快走！」

　　可是，已經來不及了！

　　有著浪漫紫色外殼的紫螺，乘坐著特別的
泡泡浮筏，隨著風浪來了。牠毫不客氣的就近
找到一隻僧帽水母，用特殊的齒舌細細的刮食
起來——牠的齒舌上大約有幾千個小小的「牙
齒」，刮起來特別帶勁：「嗯，嗯，味道不錯。」

　　「的確美味啊。」不知什麼時候，悄無聲息游過來的、超大個頭的赤蠵龜也閉著眼睛點頭稱讚，牠正大口大口的咀嚼著僧帽水母，連劇毒的觸手也不放過。「又Q又脆，口感一級棒……下次我一定要邀請我的好親戚綠蠵龜嘗嘗看。」

　　皮厚的翻車魚也慢吞吞的游來了。這傢伙模樣古怪，看上去活像一個「會游泳的大腦袋」。「哈哈，你們躲起來吃僧帽水母，也不叫我！不過沒關係，我找得到！」說著，牠一邊毫不客氣的撕扯僧帽水母，一邊嘟嚷，「這玩意兒就是水分太多，一定得多吃一點才吃得飽呢。」

此刻，生物飯店裡真是一片混亂。

猜猜看，這個時候咱們的服務生小丑魚在哪裡呢？

嘿嘿，牠當然是躲在海葵屋裡，悄悄給老闆娘打電話彙報現場啦：「老闆娘，老闆娘，這次籌備自助餐的過程可真是跌宕起伏呀！」

「所以說，」電話那邊響起了老闆娘又甜又脆的聲音，「在咱們這家飯店裡啊，沒有永遠的王者。小丑魚，你一定要保護好自己，小心別被誤傷喔。」

23
CUSTOMER
顧客

棘冠海星 / 鸚嘴魚

對於某些海洋動物來說，珊瑚們不但能建成珊瑚礁，

還是一道不可多得的美食……

今天是珊瑚日

　　今天，是生物飯店海洋專區旗艦店的「珊瑚日」──換句話說，今天店裡只供應珊瑚，各式各樣的珊瑚！有的像鹿角，有的像鞭子，還有的像扇子……

　　話說，剛接到老闆娘這個通知時，服務生小丑魚有點納悶。牠當然認識珊瑚，從小牠的鄰居就是珊瑚。可是，珊瑚有什麼好吃的呢？雖然牠們色彩豐富，造型多變。

　　「不知道今天會不會有顧客……唉，說不定還會影響我的營業額，真不知道老闆娘怎麼想的……」小丑魚嘟囔著，但仍然一大早就恭恭敬敬的守在餐廳裡，開門迎客。

　　誰知道，剛到營業時間就衝進來一大群大大小小的棘冠海星。如同牠們的名字，這群傢伙除了腹部之外，身體表面幾乎長滿了堅硬的棘刺，棘刺裡還有可怕的毒。來客們亂七八糟的叫嚷著：「終於等到珊瑚日啦！」「大家盡量吃啊！」然後，像餓死鬼似的紛紛爬上不同的珊瑚，把胃吐出來覆蓋在珊瑚上，大吃起來。這群傢伙吃得太快了，沒多久，一大片珊瑚就變成了白森森的「骨骼」……

「哎呀，來晚了，來晚了……」還沒等看傻眼的小丑魚反應過來，外面又游來了一群鸚嘴魚。牠們個個長著鸚鵡嘴一樣的嘴巴，一邊互相抱怨著，一邊爭先恐後的湧了進來，分別選擇了自己中意的珊瑚，痛痛快快的啃了起來……

終於，熱鬧的一天結束了，顧客們將準備好的食物一掃而空，小丑魚也樂開懷。不過，牠還有一些問題要問問老闆娘，於是又在休息時間打通了老闆娘專線。

「老闆娘，老闆娘，我才知道，棘冠海星原來這麼愛吃珊瑚啊！」

「當然啦，棘冠海星一直是吃珊瑚大戶，大部分珊瑚牠們都喜歡吃。嗯，準確的說，牠們其實吃的是珊瑚蟲——你一定也知道，珊瑚不是植物而是動物，而且還是一群動物。珊瑚的每一個『枝葉』都是由成千上萬獨立的小珊瑚蟲組成的，牠們常常伸出一圈小小的觸手，用來捕捉路過的微小浮游生物。而棘冠海星就像牛羊吃草似的，把那些珊瑚蟲吃光，只留下骨骼。」

「還有，鸚嘴魚也來了呢！」

「哈哈，這群討吃的傢伙。牠們啊，一定是衝著珊瑚上的藻類來的，可是牠們用堅硬的門齒啃來啃去，難免會啃進去一些珊瑚。哦，不，不用擔心，鸚嘴魚絕對不會消化不良，因為鸚嘴魚的喉部還有一套更堅硬的咽齒，完全可以把吃進去的珊瑚磨碎。當鸚嘴魚把這些珊瑚和便便一起拉出來後，被磨碎了的珊瑚就變成了珊瑚砂。珊瑚砂能賣不少錢呢。嗯，咱們這樁生意做得不賠本！」

CUSTOMER
顧客

短指和尚蟹

和大多數蟹都不一樣的是：
因為甲殼是圓形，所以短指和尚蟹的行走方式是向前走而不是橫向走的。
不過，這和牠們在生物飯店的表現一點關係都沒有。

沙泥竟然也是一道菜

「真是海洋大了，什麼魚兒都能遇到；做的時間長了，什麼單子都能接到……」服務生小丑魚正在嘟囔著的時候，卻沒想到自己的話被接線生蜘蛛小妹聽了個一清二楚。

「快說，快說，你又遇到什麼奇怪的顧客啦？」八卦的蜘蛛小妹很興奮，眼睛瞪得溜圓，8 條腿下的蜘蛛網也顫動個不停。

「嘿！你說奇怪不奇怪！」小丑魚正有一肚子話要說呢，總算逮到了個機會，「我今天接了個大單子，足足有超過 1000 個客人，都要求安排到潮間帶的包廂裡——喔，你在陸地上生活不知道，所謂的潮間帶，就是指漲潮時被水淹沒，退潮時露出水面的海邊。」

「這有什麼問題嗎？」蜘蛛小妹很困惑。

「當然沒問題！咱們這裡，哪個地方沒招待過客人啊！有意思的是，牠們訂的菜是黑黝黝、黏糊糊的沙泥——而且要求特別新鮮，最好是從海底現挖出來的，不需要任何清潔處理！」

「呃？」這下子，蜘蛛小妹也懷疑了，「海裡面還有吃泥的？這泥有什麼好吃的？」

　　「不管了，我呀，把單子直接交到了廚房。啊！客人來了，回頭聊！」正說著，小丑魚突然看到一大群食客。牠們成群結隊而來，猶如行兵打仗似的。

　　「我們訂的就是沙泥餐。」領頭的這位笑得特別開心。牠有著圓球狀的、直徑大約 2.5 公分的甲殼，光滑無比，猶如藍紫色的和尚頭，雙眼極其細小，細長的步足與螯腳呈白色，步足與頭胸甲相接處卻是紅色的。總而言之，牠全身上下顏色搭配得相當豔麗，看起來既精緻又十分財大氣粗。「服務生，沙泥味道不錯呢，等下我們請你嘗嘗啊。」

「喔，不，不，謝謝啦。」小丑魚連忙搖頭又擺尾，引著客人來到包廂，牠可不敢嘗試。不過，來者也不在意，牠們用湯勺一樣的雙螯仔仔細細的刮取沙泥，一邊刮，一邊向嘴裡送，一邊吐。準確的說，牠們吃進去了沙泥，卻吐出了圓圓的小泥球，吃得特別津津有味。

　　這下子，小丑魚徹底傻住了。等客人們打著飽嗝出去之後，牠忍不住悄悄嘗了一口沙泥，「啊，呸，這是什麼味道啊！」

老闆娘聽到小丑魚的話，笑得合不攏嘴：「哈哈，小丑魚，你不知道，這些客人正是短指和尚蟹。牠們愛吃沙泥不假，但牠們吃的又不是沙泥──因為牠們有著特殊的本領，能用口器裡的水把沙泥和有機食物、藻類分開，然後吃下有機質和藻類，毫無『內涵』的沙泥則被弄成圓泥球吐了出來，從而避免大家吃到別人吃過的沙泥。除了和尚蟹，有同樣愛好的還有大鱗鮻們，牠們的幼兒時代是在海水中度過的，稍大一點就喜歡到紅樹林區去，在那裡一口一口挖食海底的沙泥等碎屑，再經由鰓蓋把沙泥等非有機物質排出來。」

　　好啦，小丑魚要休假了，生物飯店海洋專區的彙報也暫時告一段落。如果想繼續聽生物飯店裡的那些故事，不妨等小丑魚休假回來喔！

兒童輕科普系列

生物飯店：
奇奇怪怪的食客與意想不到的食譜

史軍／主編
臨淵／著

動物的特異功能

史軍／主編
臨淵、楊嬰、陳婷／著

當成語遇到科學

史軍／主編
臨淵、楊嬰／著

花花草草和大樹，
我有問題想問你

史軍／主編
史軍／著

恐龍、藍菌和更古老的生命

史軍／主編
史軍、楊嬰、于川／著

星空和大地，藏著那麼多祕密

史軍／主編
參商、楊嬰、史軍、于川、姚永嘉／著

你也想脫離
滑世代一族嗎？

等公車、排熱門餐廳
不滑手機實在太無聊？

其實只要一本數學遊戲書就可以打
發你的零碎時間！
《越玩越聰明的數學遊戲》大小不
僅能一手掌握，豐富題型更任由你
挑，就買一本數學遊戲書，讓你的
零碎時間不再被手機控制，給自己
除了滑手機以外的另類選擇吧！

7-99 歲
大小朋友都適用！

國家圖書館出版品預行編目資料

生物飯店：奇奇怪怪的食客與意想不到的食譜／史軍
主編；臨淵著.－－初版二刷.－－臺北市：三民，
2021
　　面；　公分.－－（科學童萌）

　ISBN 978-957-14-6701-6　（平裝）
　1. 科學 2. 通俗作品

307.9　　　　　　　　　　　　　108013753

生物飯店──奇奇怪怪的食客與意想不到的食譜

主　　　編	史軍
作　　　者	臨淵
封面設計	DarkSlayer
插　　　畫	PY 小朋友
責任編輯	洪紹翔
美術編輯	杜庭宜

發 行 人	劉振強
出 版 者	三民書局股份有限公司
地　　　址	臺北市復興北路 386 號 (復北門市)
	臺北市重慶南路一段 61 號 (重南門市)
電　　　話	(02)25006600
網　　　址	三民網路書店 https://www.sanmin.com.tw

出版日期	初版一刷 2019 年 9 月
	初版二刷 2021 年 9 月
書籍編號	S360620
I S B N	978-957-14-6701-6

主編：史軍；作者：臨淵；
本書繁體中文版由 廣西師範大學出版社集團有限公司 正式授權

三民書局